QUANGUO ZHIYE
YUANXIAO

建筑概论习题册

JIANZHULEI
ZHUANYE JIAOCAI

苏建斌◎主编

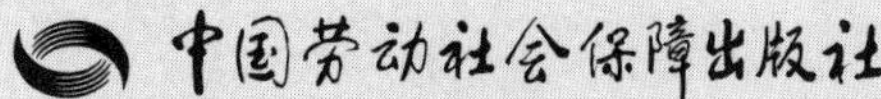

图书在版编目（CIP）数据

建筑概论习题册 / 苏建斌主编．-- 北京：中国劳动社会保障出版社，2024
全国职业院校建筑类专业教材
ISBN 978-7-5167-6480-0

Ⅰ.①建…　Ⅱ.①苏…　Ⅲ.①建筑学-职业教育-习题集　Ⅳ.①TU-44

中国国家版本馆 CIP 数据核字（2024）第 081454 号

中国劳动社会保障出版社出版发行
（北京市惠新东街 1 号　邮政编码：100029）

*

三河市华骏印务包装有限公司印刷装订　　新华书店经销

787 毫米 ×1092 毫米　16 开本　2.5 印张　51 千字
2024 年 5 月第 1 版　　2024 年 5 月第 1 次印刷

定价：6.00 元

营销中心电话：400-606-6496
出版社网址：http://www.class.com.cn
http://jg.class.com.cn

本习题册是全国职业院校建筑类专业教材《建筑概论》的配套习题册。

本习题册根据职业院校建筑类专业学生的特点，按照教材章节编写，包括建筑材料、民用建筑结构、工业建筑设计、工业建筑体系、单层厂房结构组成、建筑节能、城市及居住区规划等，有填空题、选择题、判断题、名词解释、简答题、综合题等多种题型，供学生课后练习使用。本习题册配有参考答案，可通过技工教育网（http://jg.class.com.cn）下载。

本习题册由苏建斌任主编。

目录
CONTENTS

第一章 建筑材料

一、填空题

1. 建筑材料品类繁多，一般按材料的化学成分将建筑材料分为________、________和复合材料三大类。

2. 建筑材料的标准是建筑行业的基本准则，主要包含四类标准，分别是国家标准、行业标准、________和________。

3. 建筑上常用的石膏有________、________、地板石膏和高强度石膏四种。

4. 根据入窑石灰石块度大小、煅烧温度的不同，生石灰可分为过火石灰、________、________。

5. 水泥的选用包括________选择和________选择两个方面。

6. 国家标准规定，水泥的体积安定性可采用________或________检验。

7. 通用硅酸盐水泥分为32.5、32.5R、42.5、42.5R、52.5、52.5R、________和________（R表示早强型）八个强度等级。

8. 凡由硅酸盐水泥熟料和适量石膏，以及不加或加不超过水泥质量________的粒化矿渣磨细制成的水硬性胶凝材料，称为硅酸盐水泥。

二、选择题

1. 在我国，一般建筑工程的材料费用要占到总投资的（　　），特殊工程中这一比例还要高。因此，正确、节约、合理地运用建筑材料，对建筑工程的造价和投资起到至关重要的作用。

A．20% ~ 30%　　B．30% ~ 40%

C．50% ~ 60%　　D．70% ~ 80%

2. 钢材焊接性能主要受化学成分及其含量的影响，当含（　　）量超过0.3%后，钢材可焊性变差。

A．硫　　B．磷　　C．碳　　D．硅

3.（　　）是有机胶凝材料。

A．水泥　　B．石灰　　C．沥青　　D．水玻璃

4.（　　）是无机胶凝材料。

A．水泥　　B．玻璃钢

C．钢筋混凝土　　D．沥青混凝土

5．试拌调整混凝土时，发现拌和物的保水性较差，应采用（　　）的措施来改善。

A．增加砂率　　B．减小砂率

C．增加水泥用量　　D．减小水灰比

6．对混凝土拌和物流动性影响最大的因素是（　　）。

A．砂率　　B．水泥品种

C．骨料的级配　　D．用水量

7．某批硅酸盐水泥，经检验其体积安定性不良，则该水泥（　　）。

A．不得使用　　B．可用于次要工程

C．可降低强度等级使用　　D．可用于工程，但必须提高用量

8．随沥青用量的增加，沥青混合料的空隙率（　　）。

A．减小　　B．增加

C．先减小再增加　　D．先增加再减小

三、判断题

1．建筑上使用的胶凝材料按其化学组成可分为无机胶凝材料和有机胶凝材料，前者如水泥、石膏、石灰等，后者如沥青、树脂等。有机胶凝材料在建筑工程中的应用更为广泛。（　　）

2．石灰具有比石膏更为优良的建筑性能，是一种用途广泛的建筑材料。（　　）

3．过火石灰用于建筑物中，使用时缺乏黏结力，但危害不大。（　　）

4．气硬性胶凝材料只能在空气中硬化，而水硬性胶凝材料只能在水中硬化。（　　）

5．硅酸盐水泥中 C_2S 早期强度低，后期强度高，而 C_3S 正好相反。（　　）

6．硅酸盐水泥的细度越低越好。（　　）

7．在拌制混凝土中，砂越细越好。（　　）

8．砂浆的流动性是用分层度表示的。（　　）

四、名词解释

1．建筑材料

2．硅酸盐水泥

3．水泥的凝结

4．粗骨料

五、简答题

1．石灰的特性是什么？

2．建筑钢材的主要性能有哪些？

3．混凝土强度的主要影响因素有哪些？

4．混凝土的耐久性有哪些？

六、综合题

某混凝土试样测得抗压强度为 28.8 MPa，已知该混凝土的水灰比为 0.45，试计算该混凝土的灰砂比。

民用建筑结构

一、填空题

1. 人们把与生活、学习、工作、居住及从事生产和各种文化活动的房屋称为__________，把那些间接为人们提供服务的设施（如水塔、水池、烟囱等）称为__________。

2. 建筑个体之间存在较大差异，为了便于描述，通常把建筑分为以下几种类型：农业建筑、__________和__________。

3. 楼地层是建筑物中的水平承重构件和分隔部分，包括__________和__________两部分。

4. 楼梯一般由__________、__________和栏杆（板）、扶手等部分组成。

5. 压型钢板组合楼板由钢梁、__________、__________和连接件等几部分组成。

6. 悬吊式顶棚也称吊顶，是指悬挂在屋顶或楼板下，由__________和__________所组成的顶棚。

7. 坡屋顶当山墙为硬山时，山墙突出屋面，烟囱或排气管道伸出屋面，屋面设有老虎窗时，均应做泛水。烟囱泛水一般采用水泥石灰麻刀砂浆或水泥砂浆铺抹而成，铺抹高度不小于__________mm。

8. 窗的开启方式一般分为平开和__________两种，其中平开窗应用最广。

二、选择题

1. 当底层墙体与顶层墙体厚度相同时，平面定位轴线与外墙内缘距离为（　　）m（见图 a）；当底层墙体与顶层墙体厚度不同时，平面定位轴线与顶层外墙内缘距离为（　　）m（见图 b）。

A．100，100　　B．120，120

C．100，120　　D．120，100

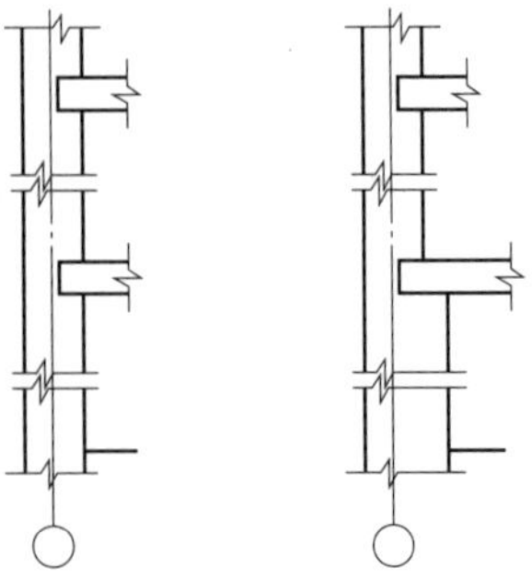

a）　　b）

2. $\frac{2}{0A}$ 表示的意思是（　　）。

A．2 号轴线之后附加的第一根轴线

B．2 号轴线之前附加的第一根轴线

C．A 号轴线之前附加的第二根轴线

D．A 号轴线之后附加的第二根轴线

3．接近地表的土层常被“扰动”，并有大量的植物根系等易腐蚀物质及各种生活垃圾和杂物，且地表常受雨雪及温度变化等外界因素影响，所以，一般情况下将地表以下（　　）m 范围内土层作为地基。

A．0.5　　B．1　　C．1.5　　D．2

4．地下室按照结构材料划分，可分为（　　）。

A．木结构地下室和钢筋混凝土地下室

B．砖混结构地下室和钢筋混凝土地下室

C．钢结构地下室和砖混结构地下室

D．钢结构地下室和木结构地下室

5．防震缝的缝宽一般取（　　）mm，且为平缝。

A．50 ~ 60　　B．60 ~ 70

C．50 ~ 70　　D．60 ~ 80

6．屋面排水坡度大于（　　）的屋顶称为坡屋顶。

A．5%　　B．10%　　C．15%　　D．20%

7．下图中的屋顶模型属于（　　）。

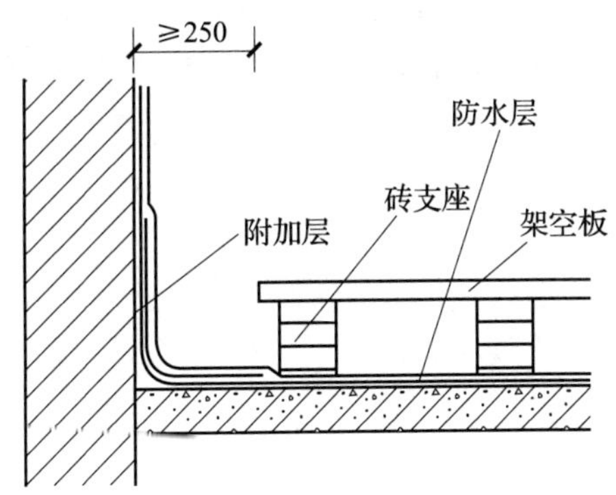

A．通风隔热屋顶　　B．反射隔热屋顶

C．种植隔热屋顶　　D．蓄水隔热屋顶

8．下面楼梯平面布置图中展示的是（　　）。

上　下　上

A．双跑直楼梯　　B．双分平行楼梯

C．双合平行楼梯　　D．双分直角楼梯

三、判断题

1. 在寒冷和严寒地区应合理控制门的面积。改善门的热工性能也是建筑节能的重要内容。（　　）

2. 建筑高度超过 100 m 的民用建筑，不论住宅或公共建筑均为超高层建筑。（　　）

3. 墙体是房屋的重要组成部分。民用建筑中的墙体一般有承重、围护、分隔三个作用。（　　）

4. 砌筑时应遵循“横平竖直、砂浆饱满、内外搭接、上下错缝”的原则，使砖在砌体中能相互咬合，增加墙体的整体性，保证墙体不出现连续的垂直通缝，确保墙体的强度。砖与砖之间上下皮搭接和错缝的距离不小于 60 mm（或 1/4 砖长）。（　　）

5. 窗框外的是外窗台，可防止窗洞口底部积水，使水排离墙面。一般窗台应挑出外墙面 60 cm 左右，窗台底面外缘应做滴水槽或鹰嘴线。（　　）

6. 立筋面板隔墙是由木龙骨或轻钢龙骨形成骨架，在两侧铺钉面板而成的隔墙。（　　）

7. 导线和电缆一般不宜穿过设备基础和建筑物基础，以防沉降时被破坏。（　　）

8. 根据安装窗框的施工工艺程序不同，木窗框的安装方法有立口法和塞口法两种。（　　）

四、名词解释

1. 基本模数

2. 大量性建筑

3. 楼地层

4. 加气混凝土空心板

五、简答题

1. 影响基础埋置深度的主要因素有哪些？

2．地面在构造上有哪些要求？

3．简要分析铝合金门窗的优缺点。

4．简述管线沿墙设置的构造处理方式。

六、综合题

某住宅楼楼梯间开间为 3 m，进深为 6 m，楼层高度为 3 m。试计算该楼梯的踏步尺寸和数量。

第三章 工业建筑设计

一、填空题

1. 按厂房层数分，工业建筑可分为__________、__________和层次混合厂房三类。

2. 在生产过程中，为装卸、搬运各种原材料和产品等，工业厂房常有起重运输设备，__________是其中最常用的一种。它与厂房的平面布置和结构选型有密切关系。

3. 梁式吊车起重量有 10 kN、20 kN、30 kN 和__________四种，这种吊车适用于在车间固定跨间进行装卸、搬运和起重。

4. 一般来说，厂房的__________、__________和气候等方面对单层厂房平面设计有着直接影响。

5. 单层厂房的柱距尺寸常根据结构方案的__________和__________来确定。

6. 多层厂房层数的确定与生产工艺、__________、垂直运输设施以及__________、基建投资等因素密切相关。

二、选择题

1. 下面吊车示意图中展示的吊车类型为（　　）。

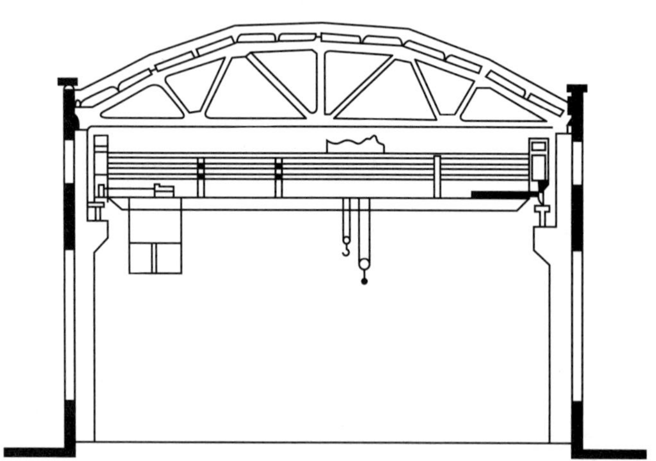

A. 悬挂式单轨吊车　　B. 梁式吊车

C. 桥式吊车　　D. 悬臂吊车

2．工业建筑在功能上必须首先满足（　　）要求。

A．采光、通风　　B．防火　　C．交通　　D．生产工艺

3．厂房的跨度在 18 m 以下时，常采用的跨度是（　　）。

A．6 m、10 m、15 m、18 m　　B．9 m、12 m、15 m、18 m

C．6 m、7.5 m、15 m、18 m　　D．4.5 m、9 m、13.5 m、18 m

4．单层厂房的山墙为非承重墙时，横向定位轴线与（　　）重合。

A．山墙中线　　B．山墙外皮　　C．山墙内皮　　D．端部柱中线

5．厂房柱网的选择，实际上是确定（　　）。

A．跨度　　B．柱距

C．屋架跨度和柱距　　D．定位轴线

6．下列选项中为双向板的是（　　）。

A．板的长宽比为 3∶1　　B．板的长宽比为 3∶2

C．板的长宽比为 5∶2　　D．以上都不对

7．下列选项中，属于多层厂房统间式平面形式的是（　　）。

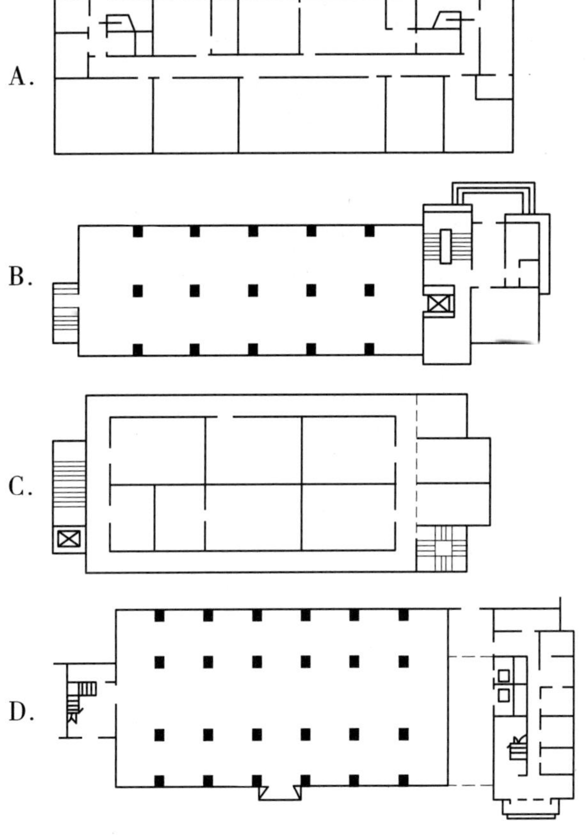

8．起重行车在桥架上运行（沿厂房横向运行），桥架行驶在厂房的吊车梁上（沿厂房纵向运行），起重量为 50 ～ 3 500 kN，这种吊车适用于跨度为（　　）m 的厂房。

A．10 ～ 30　　B．12 ～ 30　　C．12 ～ 32　　D．10 ～ 32

三、判断题

1. 单层厂房的平面设计先由工艺设计人员进行生产工艺平面设计，建筑设计人员在生产工艺平面图的基础上与工艺设计人员协商配合进行厂房的建筑平面设计。 (　　)

2. 厂区内部必须设住宅区，以方便职工生活。 (　　)

3. 车间的间距如有可能应尽量加大，以避免噪声干扰，利于采光通风。 (　　)

4. 单层厂房设计中，为使山墙处抗风柱通到屋架上弦，可将横向定位轴线从端柱中心线外移 600 mm。 (　　)

5. 相邻两条横向定位轴线之间的距离为厂房的跨度。 (　　)

6. 纵向的结构构件，如屋面板、吊车梁、连系梁的标志长度皆以横向定位轴线为界。 (　　)

7. 厂房的高度是指室内地坪标高到屋顶承重结构下表面的距离。 (　　)

8. 增加多层厂房的宽度会相应降低建筑的造价。 (　　)

四、名词解释

1. 等跨式柱网

2. 毗连式生活间

3. 悬挂式单轨吊车

4. 大宽度式

五、简答题

1. 简述工业建筑与民用建筑的区别。

2. 简述柱网选择的原则。

3. 如何提高单层厂房内部空间的利用率?

4．多层厂房的特点有哪些？

六、综合题

请根据以下要求和参数，设计一座用于机械加工制造的多层厂房，给出详细的设计方案和图纸，并针对设计中的重点和难点进行分析，提出解决方案和改进建议。

设计要求：

厂房应满足生产工艺要求，包括设备布局、物料运输、人员流动等；

厂房应考虑节能、环保和人性化设计，提高生产效率和员工舒适度；

厂房应符合相关建筑规范和安全标准。

设计参数：

厂房总面积为 10 000 m^2，共 3 层；

厂房主要设备包括机床、加工中心、传送带等；

员工人数约为 200 人；

厂址位于城市郊区，周围环境较为空旷。

工业建筑体系

一、填空题

1. 工业建筑体系一般分为__________和__________两种。

2. 砌块的种类较多，按材料分有普通混凝土砌块、__________、陶粒混凝土砌块、炉渣混凝土砌块和__________等。

3. 框架按所使用材料可分为__________和__________两种。

4. 楼板可以是梁板合一的肋形楼板，也可以是__________。

5. 梁在柱顶连接，常用__________。此法是将上下柱和纵横梁的钢筋都伸入节点，用混凝土灌成整体。

6. 内墙板也是分隔内部空间的构件，应具有一定的隔声、__________和防潮能力。

二、选择题

1. 一般砌块墙采用 M5 砂浆砌筑，水平缝为 15 mm，有配筋或钢筋网片的水平缝厚度为（　　）mm。

A. 5 ~ 10　　B. 10 ~ 15

C. 15 ~ 20　　D. 20 ~ 25

2. 下图所示的框架结构类型是（　　）。

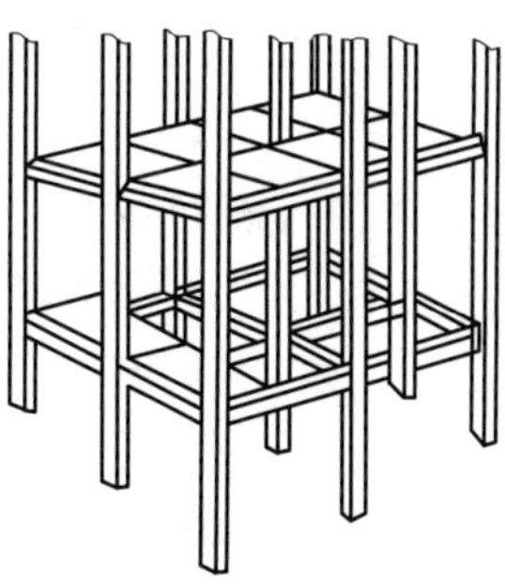

A. 梁板柱框架　　B. 板柱框架

C. 梁柱框架　　D. 剪力墙框架

3. 下图所示的构件方式为（　　）。

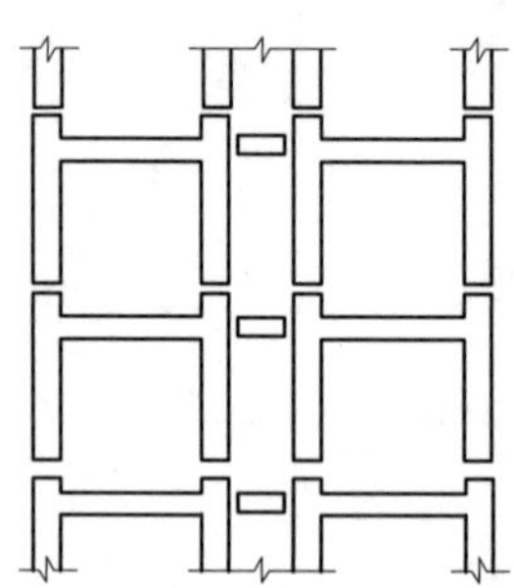

A. 短柱式　　　　B. 长柱式

C. 框架式　　　　D. 复合式

4. 下图所示装配式构件连接的施工工艺是（　　）。

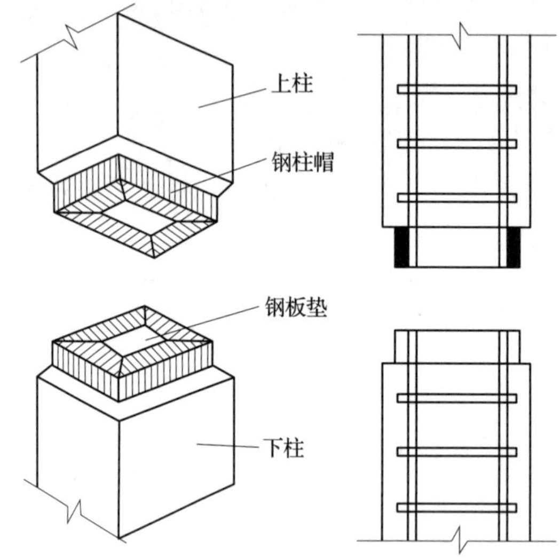

A. 浆锚连接　　　　B. 柱帽连接

C. 棒式连接　　　　D. 梁在柱旁连接

5. 为了加强房屋的整体刚度，应在砌块墙中设置钢筋混凝土圈梁，圈梁高度应不小于（　　）mm，所配纵向钢筋不少于 4ϕ8 mm，钢箍间距不大于 300 mm。

A. 100　　B. 150　　C. 200　　D. 300

6. 上下楼层的水平接缝设置在楼板板面标高处，由于内墙为支撑楼板，外墙为自承重，所以外墙要比内墙高出一个楼板厚度。通常把外墙板顶部做成高低口，上口与楼板板面齐平，下口与楼板底面齐平，并将楼板伸入外墙板下口。这种做法可使外墙板顶部焊接在相同标高处，操作方便，容易保证焊接质量。同时又可使整间大楼板四边均伸入墙内，提高房屋的空间刚度，有利于（　　）。

A. 防水　　B. 抗风　　C. 防火　　D. 抗震

三、判断题

1. 小型砌块尺寸小、质量小（一般在 200 kg 以下），适用于人工搬运、砌筑。中

型砌块尺寸较大、质量较大（一般为 200 ～ 350 kg），适用于中、小型机械起吊和安装。而大型砌块则是向板材过渡的一种形式，尺寸大、质量大（一般在 350 kg 以上），故需大型起重设备吊装施工，目前采用较少。（　）

2．剪力墙承担大部分水平荷载，增加结构水平方向的刚度，框架基本上只承受垂直荷载。（　）

3．梁在柱旁连接，可利用柱上伸出的钢牛腿或钢筋混凝土牛腿支承梁。钢牛腿体积小，可以在柱预制完以后焊在柱上，也可采用两种牛腿结合使用的方法，即柱的两面伸出钢筋混凝土牛腿，另两面用钢牛腿。（　）

4．大板建筑按施工方法只有全装配式。（　）

5．隔墙板主要用于建筑物内部的房间分隔，不承重，主要满足隔声、防火、防潮及轻质等要求，目前多采用加气混凝土条板、碳化石灰板和石膏板等。（　）

6．框架与轻质墙板的连接主要是轻质墙板与柱或梁的接头。轻质墙板包括整间大板和条板。条板可以竖放，不可以横放。（　）

四、名词解释

1．框架建筑

2．浆锚连接

3．楼板和屋面板

五、简答题

1．简述砌块建筑的优缺点。

2．简述框架建筑的优缺点。

3．简述装配式构件连接中柱与柱的连接工艺。

第五章 单层厂房结构组成

一、填空题

1．厂房的结构类型很多，常见的有砖混结构、框架结构、__________和钢架结构等。

2．为了满足采光、通风的需要，单层厂房的屋盖结构中还经常设置__________等支撑系统。

3．单层厂房屋架一般采用__________和__________两种，其形式有三角形、拱形、梯形和折线形等。

4．屋架与排架柱的连接方法常见的有__________和__________两种。

5．水平支撑根据位置不同分为上弦横向水平支撑、下弦横向水平支撑和纵向水平支撑三种。其中__________主要起到保证屋架上弦或屋面大梁侧向稳定，增加屋盖刚度，将抗风柱传递给屋架上弦的水平风荷载传给排架柱柱顶的作用。

6．排架柱有钢筋混凝土柱和钢柱等，目前较多采用__________。

7．单层厂房排架结构的基础主要采用__________，但是当地基较软，土层承载力较差时，也可采用钢筋混凝土柱下条形基础等。

8．柱间支撑以__________为界分为上柱柱间支撑和下柱柱间支撑。

二、选择题

1．在钢筋混凝土排架结构的组成中，下图中序号 7 代表的构件是（　　）。

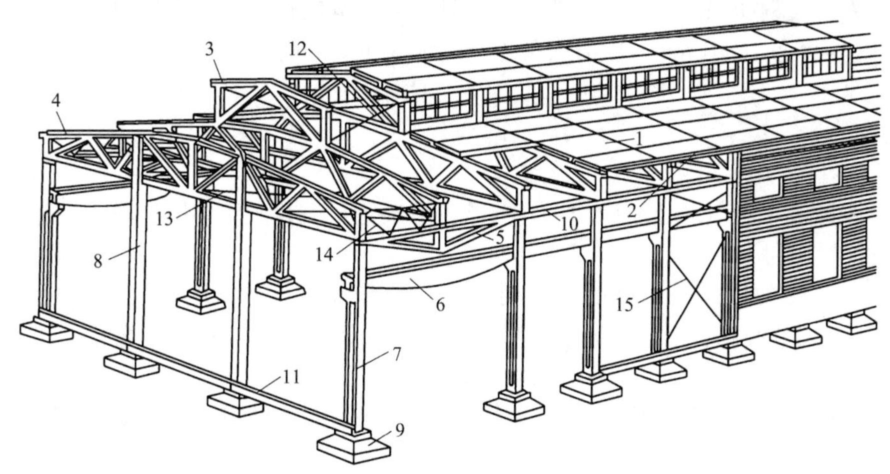

A．屋面板　　B．天沟板　　C．排架柱　　D．抗风柱

2．下图所示为大型屋面板构造形式中的（　　）。

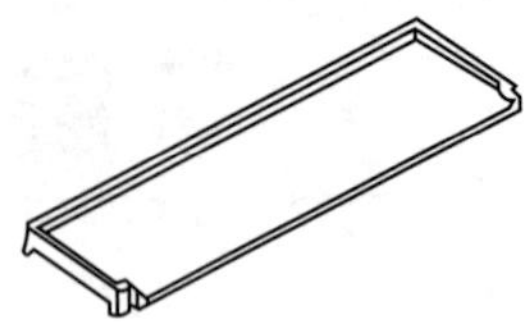

A．肋形板　　B．夹芯保温平板

C．檐沟板　　D．F 形板

3．双坡梁适用于跨度为（　　）m 的单层厂房屋盖结构。

A．6、9、12、15　　B．9、12、15、18

C．6、9、12　　D．9、12、15

4．屋盖支撑对于单层厂房结构来说至关重要。下图所示的构件为（　　）部分。

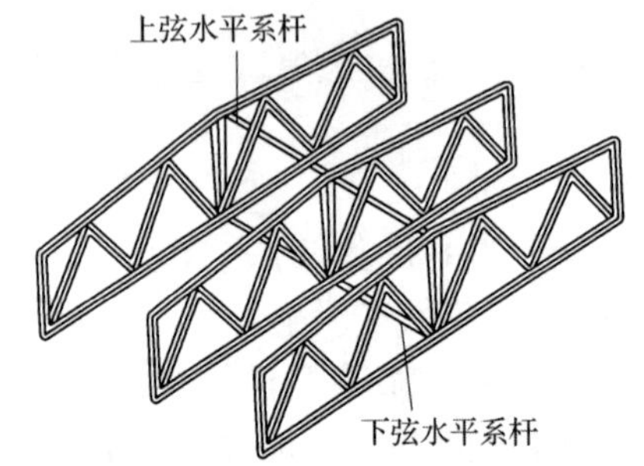

A．上弦横向水平支撑　　B．下弦横向水平支撑

C．纵向水平支撑　　D．纵向水平系杆

5．排架柱的尺寸应根据受力情况和使用要求经过计算来确定，同时还应满足一定的构造要求，当 600 mm< 柱截面高度 $h \leqslant$ 1 200 mm 时，宜采用（　　）。

A．矩形柱　　B．工字形柱

C．双肢柱或工字形柱　　D．双肢柱

6．为了使钢筋混凝土基础梁能同时起到墙身防潮的作用，其搁置时应使梁顶标高低于室内地面（　　）mm，同时应高于室外地坪 100 mm。

A．50　　B．100　　C．150　　D．200

三、判断题

1．有檩体系屋盖由小型屋面板、檩条和屋架等组成，其整体刚度较小，适用于各种类型的单层厂房。（　　）

2．屋面板根据其尺寸不同，分为小型、中型和大型三类。其中小型、中型屋面板只能与檩条配合使用在有檩体系屋盖中；大型屋面板用于无檩体系屋盖中，可直接将板端固定于两榀屋架上，板跨标志尺寸与屋架轴线间距不等。（　　）

3．屋面大梁与屋架相比，形状简单，预制方便，重心较低，故稳定性好，但自重较大。（　　）

4．下列情况应采用钢柱：（1）柱距≥ 10 m 的高大重型厂房；（2）设有壁行吊车；（3）直接承受间歇性辐射热。（　　）

5．因为排架结构现多采用预制装配式结构，所以杯形独立基础的应用更为广泛。（　　）

6．柱吊装就位，用钢楔临时固定，经校核标高和平面位置后，采用 C20 细石混凝土灌实固定。（　　）

7．单层厂房砖墙高度大于 15 m 时，须在适当位置设置连系梁。（　　）

8．吊车梁多采用钢筋混凝土构件（预应力和非预应力），截面形式有 T 形、工字形等截面梁，以及折线形、鱼腹式（曲线形）等变截面梁。（　　）

四、名词解释

1．排架柱

2．屋面大梁

3．基础梁

五、简答题

1．简述钢筋混凝土排架结构单层厂房的构件。

2．简述单层厂房建造的各种不同用途。

3．简述单层厂房的结构体系。

第六章 建筑节能

一、填空题

1. __________简称 GRC 板、GRC 轻质多孔条板、GRC 空心条板等。

2. __________是由三维空间焊接钢丝网架和内添阻燃型聚苯乙烯泡沫塑料板条（或整板）构成的网架芯板。

3. 现在市场上一般使用“暖边”间隔条来降低玻璃周边的热传导，从而降低整窗的__________和防止玻璃周边结露。

4. 石膏墙板分为普通纸面石膏板、__________和石膏复合保温板三种。

5. 金属面夹芯板的芯体保温材料主要有硬质聚氨酯泡沫塑料、聚苯乙烯泡沫塑料、__________和矿棉等。

6. __________是用于制作门窗用的 PVC（聚氯乙烯）型材。

二、选择题

1. 蒸压加气混凝土板含有大量微小的、非连通的气孔，孔隙率为（　　）。

A. 50% ~ 70%　　B. 50% ~ 60%

C. 70% ~ 80%　　D. 70% ~ 90%

2. 金属面夹芯板按照不同的使用要求，芯材厚度种类主要有（　　）。

A. 30 mm、40 mm、60 mm、70 mm、80 mm、100 mm 和 120 mm

B. 30 mm、40 mm、65 mm、70 mm、80 mm、100 mm 和 120 mm

C. 30 mm、40 mm、60 mm、70 mm、85 mm、100 mm 和 120 mm

D. 30 mm、40 mm、60 mm、75 mm、80 mm、100 mm 和 120 mm

3. 低辐射玻璃又称 Low-E 玻璃，是一种对波长（　　）μm 范围的远红外线有较高反射比的镀膜玻璃，具有较低的辐射率。

A. 4.5 ~ 25　　B. 5 ~ 25

C. 4.5 ~ 25.5　　D. 5 ~ 25.5

4. 中空玻璃的特点是传热系数较低，与普通玻璃相比，其传热系数至少可降低（　　），是目前最实用的隔热玻璃。

A. 30%　　B. 40%　　C. 50%　　D. 60%

5. 太阳能热水系统作为建筑的一个组成部分，与建筑形成一个有机整体，综合考虑设计的（　　），实现太阳能热水系统与建筑的一体化。

A．可能性、耐用性、适用性和经济性

B．主观性、美观性、适用性和经济性

C．可能性、美观性、适用性和经济性

D．可能性、美观性、适用性和一致性

6．地源热泵比电锅炉供热节省（　　）的电能，比燃料锅炉节省（　　）的能量。

A．2/3，1/2　　B．1/3，1/2　　C．2/3，1/3　　D．1/3，1/3

三、判断题

1．建筑能耗是能源消费构成的重要部分，在发达国家已占到能源消耗总量的35%～40%，甚至更高。（　　）

2．新型墙体节能材料大致可以分为建筑板材、黏土砖和建筑砌块三大类。（　　）

3．最初GRC板只限于用作非承重的内隔墙，现已经开始用作公共建筑、住宅建筑和工业建筑的外围护墙体。（　　）

4．金属面夹芯板特别适于用作大跨度建筑的围护结构，其应用范围为无化学腐蚀的大型厂房、车间、仓库等，可用于建筑活动房屋、城镇公共设施房屋、房屋加层及临时建筑等，还可以广泛用于轻钢建筑的层面、墙面、建筑装饰及冷库建筑中，但一般不用于住宅建筑。（　　）

5．因为单纯用PVC型材加工的门窗强度不够，通常在型腔内添加钢材以增强门窗的牢固性，因此型材内部添加钢材制作的门窗通常被称为塑钢门窗。（　　）

6．将新型太阳能光伏技术融入建筑设计中，使建筑设计与光伏发电技术有机结合，是太阳能光伏系统与建筑一体化的主要思想。（　　）

7．瑞士盖斯海格住宅外廊为半室外玻璃廊，用被动式节能技术为馆内提供冬季保温和夏季通风，屋顶还运用生态农业景观等技术措施有效实现隔热。（　　）

四、名词解释

1．建筑节能

2．石膏空心条板

3．吸热玻璃

五、简答题

1．简述建筑节能的意义。

2. 简述我国建筑节能的现状。

3. 简述建筑节能的施工技术。

第七章 城市及居住区规划

一、填空题

1．以某种具体职能为主的城市，一般是以_________职能为主，也包括交通枢纽、渔业、林业等职能。

2．城市用地具体分为下列几类：生活居住用地、工业用地、对外交通运输用地、_________、公用事业用地、防护用地以及其他用地。

3．总体规划是城市发展的长远目标，规划期限一般为_________年，同时还须考虑近期建设规划，期限一般为_________年。

4．规划地段的现状图必须标明建筑物、构筑物、道路、_________、管线工程及人防工程等现状。

5．居住区用地是指居住区内的住宅用地、_________、道路用地和公共绿地四项用地的总称。

6．建筑线一般称建筑控制线，是建筑物_________位置的控制线。

二、选择题

1．世界各国城市规模分类的标准不同，在我国按人口规模，城市可分为以下四类（　　）。

A．第一类——100 万人口以上的特大城市；第二类——50 万 ~ 100 万人口的大城市；第三类——30 万 ~ 50 万人口的中等城市；第四类——30 万人口以下的小城市

B．第一类——100 万人口以上的特大城市；第二类——50 万 ~ 100 万人口的大城市；第三类——10 万 ~ 50 万人口的中等城市；第四类——10 万人口以下的小城市

C．第一类——150 万人口以上的特大城市；第二类——50 万 ~ 150 万人口的大城市；第三类——20 万 ~ 50 万人口的中等城市；第四类——20 万人口以下的小城市

D．第一类——100 万人口以上的特大城市；第二类——50 万 ~ 100 万人口的大城市；第三类——20 万 ~ 50 万人口的中等城市；第四类——20 万人口以下的小城市

2．城市总体规划图纸的比例一般采用（　　）。

A．1∶5 000 或 1∶10 000　　B．1∶5 000

C．1∶5 000 或 1∶15 000　　D．1∶10 000

3．城市详细规划图纸的比例视情况而定，可采用（　　）。

A．1∶2 000、1∶500 或 1∶5 000

B．1∶5 000、1∶500 或 1∶1 000

C．1∶2 000、1∶500 或 1∶1 000

D．1∶1 000、1∶500 或 1∶5 000

4．下图所示图例表示的含义是（　　）。

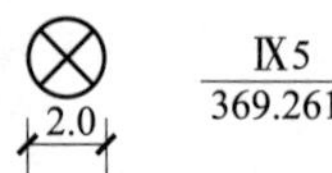

A．三角点　　　　B．Ⅰ、Ⅱ级导线点

C．埋石图根点　　　　D．水准点

5．下列选项中，表示水塔的图例是（　　）。

A．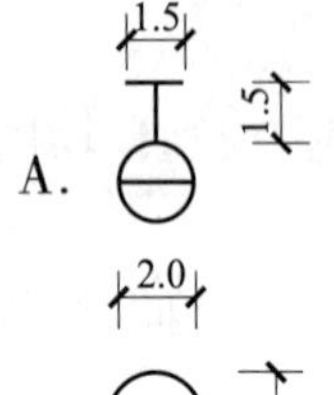

B．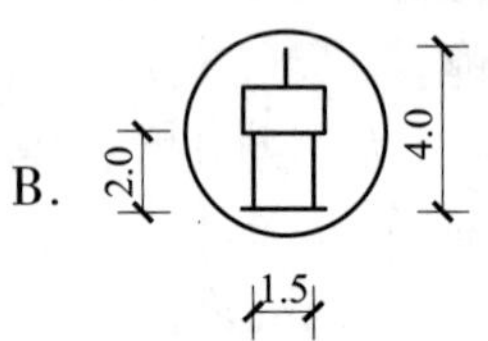

C．2.0 2.5

D．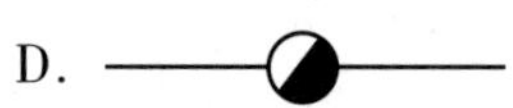

6．下面新建道路图示中，数字“150.00”表示的含义是（　　）。

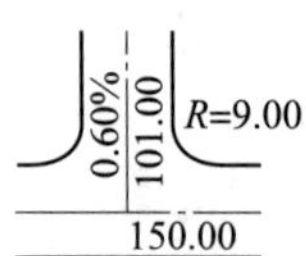

A．道路转弯半径　　　　B．道路坡度

C．变坡点间距离　　　　D．道路中心交叉点设计标高

三、判断题

1．城市所在地区自然资源的分布和开采利用等资料，城市人口资料，城市土地利用资料，工矿、企事业等单位的现状及发展的技术经济指标等属于城市自然条件资料。（　　）

2．详细规划是总体规划的深化和具体化，要求对城市长期建设区域内的各项建设作出具体的布置，作为修建设计的依据。（　　）

3．选择城市用地，确定规划区范围，划分城市用地功能分区，统筹安排工业、对外交通运输、仓库、生活居住、文教科研单位和绿化等用地是详细规划的主要内容。（　　）

4．道路用地是指居住区道路、小区路、组团路及非公建配建的居民小汽车、单位通勤车等停放场地。（　　）

5．停车率是指居民汽车的地面停车位数量与居住户数的比率。（　　）

6．氧气、乙炔、液体燃料管道，排灰、排渣及化工专用管道等均属于热力管道的范畴。（　　）

7. 厂界、道路、管线的定位都要采用统一的城市坐标系统及标高系统。（　　）

8. 管道应避免交叉布置，必须交叉时应绘制 1∶500 的管道交叉标高平面图。（　　）

四、名词解释

1. 规划图例

2. 绿地率

3. 建筑小品

五、简答题

1．简述城市规划和居民区规划的区别。

2．简述城市工程管线的分类。

3．简述城市工程管线综合布置的原则。